Seidenhühner

Melanie Schönherr

Melanie Schönherr

WU GU JI

Seidenhühner

Shaker Media

Bibliografische Information der Deutschen Nationalbibliothek
Die Deutsche Nationalbibliothek verzeichnet diese Publikation in der Deutschen Nationalbibliografie; detaillierte bibliografische Daten sind im Internet über http://dnb.d-nb.de abrufbar.

Printed in Germany.

ISBN 978-3-86858-741-8

Shaker Media GmbH • Postfach 101818 • 52018 Aachen
Telefon: 02407 / 95964 - 0 • Telefax: 02407 / 95964 - 9
Internet: www.shaker-media.de • E-Mail: info@shaker-media.de

INHALTSVERZEICHNIS

HERKUNFT

HERKUNFT

Woher genau das Seidenhuhn stammt, lässt sich heute nicht mehr mit Sicherheit sagen. Es steht jedoch außer Frage, dass es sich hierbei um eine sehr alte und geschichtsträchtige Haushuhn Rasse handelt, deren Ursprung im heutigen China vermutet wird.

Dort kennt man das Seidenhuhn auch als Wu Gu Ji, was übersetzt so viel bedeutet wie Krähen- oder Schwarzknochenfußhuhn. Dieser Name leitet sich wohl von der dunkelblau bis schwarz gefärbten Haut und den dunklen Knochen des Seidenhuhns ab. Im asiatischen Raum spricht man dem Seidenhuhn und den daraus gekochten Speisen, auch heute noch, heilende Kräfte zu.

Nachweislich blicken Seidenhühner auf eine unglaublich lange Geschichte zurück. Dies wird auch durch literarische Funde aus dem frühen 13. Jhdt. bestätigt. Doch schon erheblich früher erwähnt Aristoteles (384-322 v. Chr.) in seinen Schriften, schwarze und weiße Hühner mit "Katzenhaar", aus dem Reich der Mangi, dem heutigen China.

HERKUNFT

Marco Polo (1254-1324) war es wohl, der von seinen legendären Asienreisen, die ersten Seidenhühner nach Europa brachte. Als Kuriosum, ja sogar als Wunderhuhn, wurde das Seidenhuhn angepriesen. Man behauptete, es würde sich auf Grund der haarähnlichen Federn, um eine Kreuzung von Huhn und Kaninchen handeln.

Sowohl in der Tang-Dynastie (618-907) als auch in der wesentlich späteren Qing-Dynastie, von 1616 bis zur Gründung der Republik China 1912, war das Seidenhuhn ein wertvolles Geschenk für bedeutende Persönlichkeiten und aus der chinesischen Medizin nicht wegzudenken. In der Region Taihe versuchten die Menschen seit jeher den Bestand von Seidenhühnern zu sichern.

In den 1930-er und 1940-er Jahren war das Seidenhuhn, unter anderem auf Grund von Kriegen, fast ausgestorben. Um den bedauernswerten Verlust dieser besonderen Rasse zu verhindern, wurden in China eigene Seidenhuhn Farmen zur Erhaltung und Vermehrung der Rasse gegründet.

HERKUNFT

Eine sehr alte chinesische Legende besagt, dass Seidenhuhn wäre in den Wudan-Bergen im nordwesten Chinas entstanden. Dort auf dem Gipfel haben himmlische Wesen die Herstellung von Pillen der Unsterblichkeit gefeiert. Doch während dieser Feierlichkeiten, kamen 2 Hühner vorbei geflogen, landeten in der Quelle in der die Pillen gemacht wurden und aßen die Pillen auf. Daraufhin verwandelten sie sich in eine Art weißen Phönix, mit schwarzer Haut und seidigem Gefieder.

Schenkt man den alten Mythen glauben, so soll der Genuss von Seidenhuhn Speisen etwa gegen Fieber, Diabetes und Menstruationsbeschwerden helfen. Der Verzehr der Eier wiederum soll Kopfschmerzen lindern, die Nierenfunktion steigern und Bluthochdruck senken, da der Cholesteringehalt in den Eiern geringer sei als bei anderen Hühnerrassen.

BESONDERHEITEN

BESONDERHEITEN

Was schon beim ersten Blick besonders auffällt, ist wohl das Gefieder von Seidenhühnern, welches auch Füße und Zehen bedeckt. Es wirkt fast wie ein Fell, und lässt die Tiere viel größer wirken als sie sind. Seidenhühner fühlen sich sehr weich und wie der Name schon sagt seidig an.

Die Federn des Seidenhuhns haben eine besondere Struktur und verhaken sich nicht in sich, wie die Federn von anderem Geflügel. Durch das Fehlen von einer Art Häckchen, können die einzelnen Elemente einer Feder nicht zu einer durchgängigen und in sich geschlossenen Fläche verbunden werden, wie dies bei anderen Gefügelarten der Fall ist. Auf Grund dieser besonderen Gefiederstruktur können Seidenhühner auch nicht fliegen, denn sie können unter ihren Flügeln, keinen Luftwiderstand aufbauen. Auch bei Regen wird das Seidenhuhn im Gegensatz zu anderen Geflügelarten bis auf die Haut durchnässt. Doch Seidenhühnern macht es nichts aus nass zu werden, auch bei schlechtem Wetter sind sie gerne draußen und suchen unermüdlich nach Würmern und Insekten.

Auf Grund ihrer verhältnismäßig geringen Größe und des geringen Legepotenzials, siedelt man Seidenhühner in der Regel nicht in der Kategorie der Nutztiere, sondern des Ziergeflügels an.

BESONDERHEITEN

Es gibt das Seidenhuhn mit und ohne Bart und auch im Miniformat, als sogenanntes Zwergseidenhuhn. Wobei die Geschichte des Zwergseidenhuhns eine recht kurze ist. Erst seit Ende der 1980-er Jahre gibt es die Zwergform, deren Zucht von Holland aus Verbreitung fand.

Ein ausgewachsener Hahn wiegt etwa zwischen 1,2 kg und 1,6 kg, eine adulte Seidenhenne etwa 1,0 kg bis 1,3 kg.

Hahn weiß mit Bart

Ein erwachsener Zwergseidenhahn hingegen wiegt nur etwa 600 bis 700 Gramm und eine Zwergseidenhenne gar nur an die 500 Gramm. Jedoch legen die Zwerge bis zu 120 Eier mit einem Durchschnittsgewicht von 28 Gramm im Jahr.

BESONDERHEITEN

Ein großes Seidenhuhn legt in etwa 80 Eier pro Jahr. Diese Eier haben durchschnittlich ein Gewicht von 40 Gramm. Da Seidenhühner niedrige Temperaturen sehr gut vertragen, bleibt ihre Legeleistung auch im Winter konstant.

Auf Grund dessen, dass Seidenhühner besonders zutraulich sind, werden sie immer öfter als Alternative zu den herkömmlichen Haustieren gehalten. Oftmals kann man sie streicheln und kommen sie angerannt, wenn man nach ihnen ruft. Vereinzelt werden sie, wegen ihrer zahmen Art, sogar als Therapietiere eingesetzt.

Seidenhühner haben eine Zehe mehr als andere Hühnerrassen. Diese ist leicht nach oben gedreht und berührt den Boden nicht. Neben der 5. Zehe sind die schwarzblaue Haut und die ebenfalls fast schwarzen Knochen eine weitere Besonderheit dieser liebenswerten Rasse.

Diese dunkle Färbung ist wohl, neben der Größe, mitunter ein Grund warum Seidenhühner im europäischen Raum kaum verzehrt werden. Mit Ausnahme der Schweiz, wo Gourmetköche das Seidenhuhn als exklusive Delikatesse für sich entdeckt haben.

VERHALTEN UND CHARAKTER

VERHALTEN UND CHARAKTER

Der ausgeprägte Bruttrieb und die liebevolle Führung von Küken haben dazu geführt, dass Seidenhühner gerne als Ammen eingesetzt werden. So werden oftmals Eier von anderen Rassen, deren Bruttrieb nur mäßig vorhanden ist, untergelegt und von Seidenhühnern ausgebrütet.

Da Seidenhühner auf Grund ihrer relativ geringen Größe nur beschränkte Mengen an Eiern ausbrüten können, werden den Glucken manchmal auch Eintagsküken untergejubelt. Kurz nach dem Schlupf der bebrüteten Eier, werden die Eintagsküken hinter der Glucke ins Nest gesetzt, wo sie sich sofort unter der wärmenden Glucke verstecken und von dieser in den meisten Fällen problemlos angenommen und großgezogen werden.

VERHALTEN UND CHARAKTER

Seidenhähne sind grundsätzlich friedliche Zeitgenossen, die man gut in größeren Gruppen mit mehreren Hähnen zusammen halten kann. Auf ein ausgewogenes Verhältnis von Hennen und Hähnen sollte dabei jedoch geachtet werden. Pro Hahn sollten ausnahmslos mindestens 2 Hennen gehalten werden.

Seidenhühner lassen sich nicht nur mit anderen Hühnerrassen gut vergesellschaften, auch eine Haltung mit anderen Tieren ist grundsätzlich möglich.

Neue Tiere lassen sich relativ problemlos in einen Bestand integrieren. Anfangs gibt es meist kleinere Streitigkeiten, doch sobald die Rangfolge geklärt ist, kehrt Ruhe ein. Dennoch sollte eine Zusammenführung immer unter Aufsicht stattfinden um mögliche größere Verletzungen zu vermeiden.

VERHALTEN UND CHARAKTER

Seidenhühner nehmen liebend gerne ein Sonnenbad, vor allem im Winter, wenn sich die Sonne nicht allzu oft zeigt. Sie legen sich seitlich auf den Boden, spreizen den oberen Flügel und Strecken die Beine von sich. Nicht selten hat sich hierbei der eine oder andere unerfahrene Halter erschrocken, da die Tiere manchmal minutenlang regungslos liegen bleiben.

Oben: Henne perlgrau mit Bart

Unten: Henne splash mit Bart

FARBSCHLÄGE

FARBSCHLÄGE

Seidenhühner werden in den folgenden Farbschlägen gezüchtet:

BLAU

Jungtier ohne Bart
(etwa 3 Monate)

GELB

Henne mit Bart

FARBSCHLÄGE

Gesperbert

Henne ohne Bart

ROT

Henne mit Bart

FARBSCHLÄGE

SCHWARZ

Henne ohne Bart

SILBERGRAU
PERLGRAU

Henne mit Bart

FARBSCHLÄGE

SILBER-WILDFARBEN

junger Hahn mit Bart

SPLASH

Henne mit Bart

FARBSCHLÄGE

WEIß

Jungtier mit Bart
(etwa 3 Monate)

WILDFARBEN

Jungtier ohne Bart
(etwa 1 Monat)

Fehlfarben sind bei Liebhabern trotz fehlender Anerkennung durch Zuchtverbände durchaus begehrt.

GESCHLECHTS-
UNTERSCHEIDUNG

GESCHLECHTSUNTERSCHEIDUNG

Im Gegensatz zu anderen Hühnerrassen, wo man bei einigen schon in den ersten Lebenstagen das Geschlecht erkennen kann, ist die Geschlechtsbestimmung, auch "sexen" genannt, beim Seidenhuhn nicht ganz so einfach.

links Henne, rechts Hahn blau mit Bart

Es ist keine Seltenheit 4 bis 6 Monate nach dem Schlupf warten zu müssen, um mit Sicherheit sagen zu können, ob es sich bei einem Jungtier um einen Hahn oder eine Henne handelt. Teilweise hat man erst durch das Krähen des Hahnes Gewissheit.

GESCHLECHTSUNTERSCHEIDUNG

Hennen haben im Vergleich zu Hähnen für gewöhnlich nur gering ausgebildete Kehllappen die rund geformt sind und mit zunehmendem Alter etwas größer werden können. Bei Seidenhühnern mit Bart unterscheiden sich die Kehllappen des Hahnes von jenen der Hennen nur kaum und sollten vom Bart verdeckt sein.

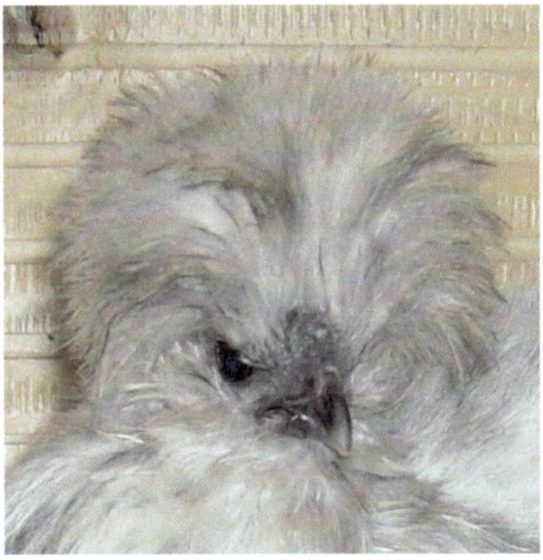

Splash Henne mit Bart

Splash Henne ohne Bart

Der Kamm ist bei Hennen nicht ausgebildet und nur im Ansatz vorhanden, jedoch sollte auch hier, dem Standard entsprechend, die Andeutung einer Querfalte zu erkennen sein.

GESCHLECHTSUNTERSCHEIDUNG

Der Kamm des Seidenhahnes unterscheidet sich stark von dem anderer Hühnerrassen.

Er ähnelt in der Form einer halbierten Walnuss und sollte eine Querfalte haben. Dem Standard entsprechend sollte er keine Dornwüchse aufweisen. Wie auch Kehllappen und Gesicht soll der Kamm bläulich bis schwarz sein. Bei gesperberten Tieren sind Gesicht, Kamm und Kehllappen laut Rassestandard rot.

Hahn weiß ohne Bart

Hahn weiß mit Bart

GESCHLECHTSUNTERSCHEIDUNG

Seidenhähne bekommen im Laufe ihres Lebens oberhalb der 5. Zehe einen Sporn, welcher im Kampf als wirksame Waffe eingesetzt werden kann. Dieser Sporn, der aus Horn gebildet wird, wächst mit den Jahren immer weiter. Er kann daher bei unberingten Tieren als Anhaltspunkt für das ungefähre Alter dienen. Sollte es einmal notwendig werden den Sporn bei älteren Tieren zu kürzen, so ist darauf zu achten, dies nicht zu kurz zu tun, da die Wurzel stark durchblutet ist.

Die Ohrscheiben leuchten sowohl beim Hahn als auch bei der Henne blau bis türkis.

Henne gelb ohne Bart

Generell haben Seidenhühner ein sehr gutes Gehör, sie können auch die Richtung aus der ein Geräusch kommt feststellen. Vermutlich werden deshalb immer wieder Orientierungslaute innerhalb einer Gruppe ausgestoßen. Doch Laute dienen nicht nur der Orientierung, So warnen Hähne beispielsweise die anderen Tiere bei drohender Gefahr oder geben Bescheid wenn sie Futter gefunden haben.

GESCHLECHTSUNTERSCHEIDUNG

Das Streiten und vermeintliche Kampfverhalten von Küken und Jungtieren wird hin und wieder als Hinweis darauf gedeutet, dass es sich bei diesen Tieren um Hähne handelt. Doch diese Annahme ist falsch. In einer Gruppe herrschen Hierarchien und diese müssen festgelegt werden. So streiten also auch Hennen um ihre Position. Heranwachsende oder neu in den Bestand eingebrachte Tiere versuchen demnach, unabhängig vom Geschlecht, in dieser Struktur nach oben zu gelangen.

Die Hals und Nackenfedern der Seidenhähne sind bedeutend länger als die der Hennen. Der Hahn kann zur Einschüchterung von Artgenossen oder wenn er sich anderweitig bedroht fühlt, einen Kragen aus seinen Halsfedern formen, der einer Löwenmähne ähnelt.

Hahn weiß mit Bart

Hahn blau mit Bart

HALTUNG

HALTUNG

Seidenhühner sind flugunfähig und benötigen daher keine hohe Einzäunung. In der Regel kann ein Seidenhuhn nicht höher als 50 - 60 cm springen, dieser Aspekt muss unbedingt bei der Beschaffenheit und der Ausstattung des Stalls berücksichtigt werden.

Henne blau mit Bart

Geschlafen wird auf dem Boden und nur sehr selten auf Sitzstangen. Die meisten Halter verzichten daher ganz auf Stangen in ihren Ställen. Seidenhühner kuscheln sich beim Schlafen gerne aneinander und wärmen sich so im Winter gegenseitig. Daher sollten Seidenhühner auch immer in Gruppen von mindestens 3 Tieren gehalten werden.

HALTUNG

Niedrige Temperaturen vertragen Seidenhühner im Allgemeinen recht gut. Jedoch sollte darauf geachtet werden, dass im Winter bei Regen und Schneefall, das nasse Gefieder nachts nicht gefriert.

Im Allgemeinen kann man Seidenhühner als durchaus robust bezeichnen, dafür ist jedoch ein trockener und zugluftfreier Stall unverzichtbar.

1m² Stall für 3-4 Seidenhühner gilt als Richtwert.

Ob man den Boden des Stalls mit Heu, Stroh oder Weichholzgranulat auslegt, ist Geschmackssache. Da Stroh und Heu Feuchtigkeit nicht so gut aufnehmen können, muss es oft erneuert werden und es kommt zu dem typischen Stallgeruch. Weichholzgranulat hingegen nimmt besonders viel Feuchtigkeit auf und ist sehr weich. Die Tiere können damit ganz einfach selbst nach Bedarf Mulden formen, um ihre Eier zu legen oder es sich einfach gemütlich machen.

HALTUNG

Unverzichtbar für eigentlich alle Hühnerrassen ist ein Staubbad. Es ist wichtig für die Gefiederpflege und beugt Ungezieferbefall vor. Ein Staubbad sollte je nach Anzahl der gehaltenen Hühner eine Mindestgröße von 1 x 1 Meter haben und an einem trockenen, vor Wind und Wetter geschützten Ort eingerichtet werden.

3 Hennen beim Staubbaden von links nach rechts: weiß, splash, gelb

Hauptbestandteil des Staubbades ist frische und vor allem lockere Erde, dazu kommen ein wenig Sand und feine Asche. Das Staubbad sollte mehrmals im Jahr wieder frisch aufgefüllt werden.

HALTUNG

Auf Grund der besonderen Befiederung ertrinken Seidenhühner sehr leicht, denn die Federn sind nicht wasserabweisend und nehmen in sehr kurzer Zeit, große Mengen an Wasser auf. Dies führt dazu, dass die Tiere durch das Gewicht des Wassers nach unten gezogen werden und ertrinken. Nicht nur in Teichen sondern auch in zu tiefen Tränken kann es zu solchen Unfällen kommen. Hier gilt also besondere Vorsicht!

Der Auslauf sollte nach Möglichkeit eingezäunt werden. So können die Hühner nicht weglaufen, das Gemüsebeet ist in Sicherheit und auch Gefahrenquellen können auf diese Weise besser ausgeschlossen werden.

Als Richtwert gelten etwa $10 m^2$ Auslauf pro Tier.

Seidenhühner scharren im Allgemeinen weniger als andere Geflügelrassen, wodurch die Grünfläche des Auslaufs nicht so stark beansprucht wird.

HALTUNG

Seidenhühner benötigen auf jeden Fall schattige Stellen um sich vor der Sonne und zu hohen Temperaturen zu schützen. Am besten sind natürliche Schattenspender wie Büsche und Bäume.

Ein Areal mit vielen Bäumen bietet nicht nur Schutz vor der Sonne, sondern auch vor möglichen Angriffen durch Raubvögel. Eine zusätzliche Anbringung von Netzen kann die Tiere vor hungrigen Angreifern aus der Luft schützen. Für den Fall, dass es in dem jeweiligen Gebiet besonders viele Raubtiere, wie Füchse, Marder oder Greifvögel gibt, empfiehlt sich die Haltung in einer entsprechend großen Voliere. Auch der Stall sollte vor gefährlichen Eindringlingen geschützt werden und nachts gut verschlossen sein. Lüftungsfenster oder ähnliches sollten immer mit einem feinmaschigen und stabilen Gitter versehen werden.

Obwohl Regen den Seidenhühnern nichts ausmacht, sollte natürlich immer die Möglichkeit bestehen, dass sich die Tiere an einen trockenen Ort zurückziehen können. Dafür eignet sich, beispielsweise, ein entsprechender Vorbau am Stall. Dies gilt natürlich ebenso bei Schneefall. Manche Seidenhühner mögen Schnee nicht besonders gerne und vermeiden es darauf zu laufen. Einige Exemplare wagen tagelang keinen Schritt aus dem gemütlichen Stall.

VOR DER ANSCHAFFUNG

VOR DER ANSCHAFFUNG

Vor der Anschaffung von Seidenhühnern, sollten einige Punkte berücksichtigt werden:

- Ist ein geeigneter Stall und genügend Auslauf, aus dem mögliche Gefahrenquellen entfernt wurden, vorhanden oder besteht die Möglichkeit etwas entsprechendes zu errichten?

- Informieren sie sich über eventuelle rechtliche Bestimmungen in der jeweiligen Region.

- Ist ausreichend Zeit für die Betreuung der Tiere vorhanden und ist während des Urlaubs oder Abwesenheit aus anderen Gründen, eine gute Versorgung der Tiere gewährleistet?

- Wurde die geplante Anschaffung mit allen im Haushalt lebenden Personen besprochen?

- Wurden gegebenenfalls (z.B. wenn die Absicht besteht auch Hähne zu halten) die Nachbarn, die sich eventuell gestört fühlen könnten, befragt?

VOR DER ANSCHAFFUNG

Machen sie sich in ruhe Gedanken darüber wieviele Tiere sie halten möchten und ob sie auch Hähne haben wollen. Planen sie dann bei der Errichtung des Stalls und der Gestaltung des Auslaufs lieber ein paar Tiere mehr ein als sie letztendlich haben möchten. Denn sehr oft werden anfänglich kleine Hühnerschaaren mit der Zeit ein wenig größer.

Holen sie Informationen ein, welcher Tierarzt in ihrer Region mit der Behandlung von Hühnern vertraut ist. So kann im Ernstfall wichtige Zeit gespart werden.

Hahn weiß ohne Bart

VOR DER ANSCHAFFUNG

Wenn die Entscheidung zu Gunsten der Anschaffung von Seidenhühnern gefallen ist, sollten die nachfolgenden Aspekte nicht außer Acht gelassen werden.

Grundsätzlich stellt sich zunächst die Frage:

„Wo bekomme ich Seidenhühner?“

Dazu gibt es mehrere Möglichkeiten:

- aus einem Tierpark bzw. Zoo
- von einer Ausstellung oder Messe
- vom Hobby- oder Profizüchter

VOR DER ANSCHAFFUNG

Wichtig ist, sich vor Ort einen Eindruck über Hygiene und Haltungsbedingungen zu verschaffen. Sind Stall und Auslauf in einem gepflegten und sauberen Zustand? Machen alle Tiere einen gesunden und munteren Eindruck?

Um eventuelle Verhaltensauffälligkeiten oder mögliche Verletzungen feststellen zu können, ist ein genaues Beobachten der Tiere, über einige Minuten hinweg, erforderlich.

Informieren sie sich über die Fütterungsgewohnheiten und beseitigen sie eventuelle Unklarheiten durch gezieltes Nachfragen.

Lassen sie sich keine Versprechen bezüglich des Geschlechts bei Jungtieren, die weniger als 4 Monate alt sind, machen. Denn auch erfahrene Züchter können nur Tendenzen feststellen, aber nicht mit Sicherheit sagen, ob es sich um einen Hahn oder eine Henne handelt. Seriöse Züchter werden sie auch ehrlich darauf hinweisen.

VOR DER ANSCHAFFUNG

Wenn ihnen ein Tier gefällt, lassen sie es sich aus der Nähe zeigen bevor sie sich endgültig dafür entscheiden und achten sie darauf, dass

- die Augen klar, leuchtend und offen sind
- das Gefieder vollständig und sauber ist
- die Beinstellung gerade und die Zehenspreizung entsprechend ist
- die Kloake sauber und trocken ist (auf Anzeichen für Durchfall achten)
- der Allgemeinzustand munter und interessiert ist
- keine Verletzungen vorliegen

Wenn nach reiflicher Überlegung und nach Berücksichtigung der vorher genannten Tipps nichts mehr gegen eine Anschaffung spricht, steht der Karriere als Seidenhuhnhalter nichts mehr im Weg.

ERNÄHRUNG

ERNÄHRUNG

Frisches und sauberes Trinkwasser muss allen Tieren zu jeder Zeit zugänglich sein.

Nicht nur im Sommer, auch im Winter ist besonders darauf zu achten, dass genügend Trinkwasser zur Verfügung steht, da die Oberfläche schnell gefrieren kann und die Tiere dann nicht mehr an das darunterliegende Wasser kommen.

Seidenhühner trinken etwa 250ml pro Tier und Tag.

Um ein Einfrieren des Trinkwassers zu verhindern oder dies zumindest hinauszuzögern, gibt es im Fachhandel eigens dafür entwickelte Wärmeplatten.

Je nach Alter, Futtermischung und Grünfutter Angebot variiert die benötigte Futtermenge. Diese sollte so berechnet sein, dass jeden Tag möglichst alles aufgefressen wird. So können täglich die Futter- und Wasserstellen gereinigt werden und die Tiere haben immer frisches Futter und sauberes Wasser.

ERNÄHRUNG

Alleinfuttermischungen aus dem Handel eignen sich gut als Basis für eine gesunde, abwechslungsreiche Ernährung. Diese Mischungen werden in der Regel als Mehl oder in Form von Pellets angeboten.

Fertigfutter kann bei Bedarf mit getrockneten Kräutern und allen gängigen Getreidesorten wie beispielsweise Mais, Weizen, Hafer, Gerste usw. vermengt werden.

> Seidenhühner haben einen Futterbedarf von
> etwa 80-100 Gramm pro Tier und Tag.

Bei selbst hergestellten Futtermischungen ist darauf zu achten, dass Fett und Nährstoffe in einem ausgewogenen Verhältnis sind. Auch die benötigte Futtermenge variiert nach den jeweiligen Nährwertmengen im Futter.

Küken sollten stets spezielles Aufzuchtfutter bekommen. Es ist feiner und daher für die Kleinen leichter aufzunehmen und die Zusammensetzung ist auf den Wachstumsbedarf abgestimmt.

ERNÄHRUNG

Frisches Grünfutter in Form von Salaten, Kräutern, Obst und Gemüse ist bei Seidenhühnern sehr beliebt und dient als wertvoller Nährstofflieferant. Tiefgefrorenes Obst, Gemüse oder Kräuter bieten auch im Winter die nötige Abwechslung und versorgen die Hühner mit wichtigen Vitaminen.

Brot ist kein geeignetes Nahrungsmittel für Hühner, da es unter anderem zu viel Salz enthält. Brot sollte also nur als Leckerbissen und auch nur eingeweicht gereicht werden, denn trockenes Brot kann sich im Kropf des Tieres ausweiten und so zu einer, unter Umständen, tödlichen Kropfverstopfung führen.

Für Hühner, auf Grund von enthaltenen Giftstoffen, absolut nicht geeignet sind die Früchte von Efeupflanzen, Avocados und Zitrusfrüchte wie Orangen, Zitronen und Kiwis.

Generell ist von einer Fütterung mit Küchenresten abzusehen.
Die Speisen sind meist viel zu stark gewürzt
und nicht für Tiere geeignet.

ERNÄHRUNG

Was als Leckerei verspeist werden darf:

Apfel

Banane

Birne

Blumenkohl

Brokkoli

gewürzfrei gekochter Reis, Nudeln oder Kartoffeln

Haferflocken

Himbeere, Brombeere

Karotte

Kirsche, Weichsel

Marille, Pfirsich

Salat

Wassermelone

Weintraube

Zwetschke, Pflaume

Jungtier mit einem Stück Melone

ERNÄHRUNG

Nachfolgend noch ein paar Tipps rund ums Thema Ernährung:

- Gekochte Eier können vor allem kranken Tieren oder geschwächten Küken gereicht werden. Diese enthalten sehr viele Nährstoffe und führen rasch Energie zu.

- Eierschalen dienen als natürlicher Kalklieferant. Nachdem die Schale getrocknet ist, wird sie zerstoßen oder zermahlen und kann so den Seidenhühnern unters Futter gemischt werden.

- Rosmarin fördert den Appetit und die Durchblutung.

- Holzkohlemehl oder Vogelkohle ist hilfreich bei Durchfall.

- Laktose (Milchzucker) wird generell von Hühnern nicht gut vertragen. Sauermilchprodukte insbesondere Quark (Topfen) enthalten jedoch nicht so viel Laktose und gelten daher als guter Eiweißlieferant.

BRUTVERHALTEN UND AUFZUCHT

BRUTVERHALTEN UND AUFZUCHT

Seidenhühner haben ein besonders stark ausgeprägtes Brutverhalten und werden daher nicht selten als Ammen für andere Geflügelrassen eingesetzt.

Glucke mit etwa 3 Wochen alten Küken

Die Brutdauer bei Seidenhühnern beträgt 21 Tage und meist führen die Glucken, so werden die Muttertiere genannt, ihre Küken sehr fürsorglich.

BRUTVERHALTEN UND AUFZUCHT

Wichtig ist, die Glucke während der Brut von den anderen Tieren zu separieren. Zum einen soll dadurch verhindert werden, dass andere Hennen ihre Eier in der Nähe der Glucke legen, da die Glucke versuchen würde sich auch auf diese Eier zu setzen und diese ebenfalls zu bebrüten. Zum anderen ist es wichtig der Glucke einfach die nötige Ruhe zu gönnen und sie keiner unnötigen Ablenkung und Aufregung auszusetzen.

Brütende Henne blau mit Bart

Während der gesamten Brut sollte die Glucke 1 bis 2 mal täglich vom Nest gehen um zu fressen, zu trinken und Kot abzusetzen. Dies ist wichtig um ein gemäßigtes Abkühlen der Eier zu gewährleisten, sollte aber nicht länger als 10 bis maximal 20 Minuten dauern um ein Auskühlen der Eier zu verhindern.

BRUTVERHALTEN UND AUFZUCHT

Vom ersten Anpicken der Eierschale bis zum vollständigen Schlupf können bis zu 24 Stunden vergehen. Eine hohe Luftfeuchtigkeit während des Schlüpfens zeigt durchwegs positive Wirkung auf Schlupfraten.

schlüpfendes Küken

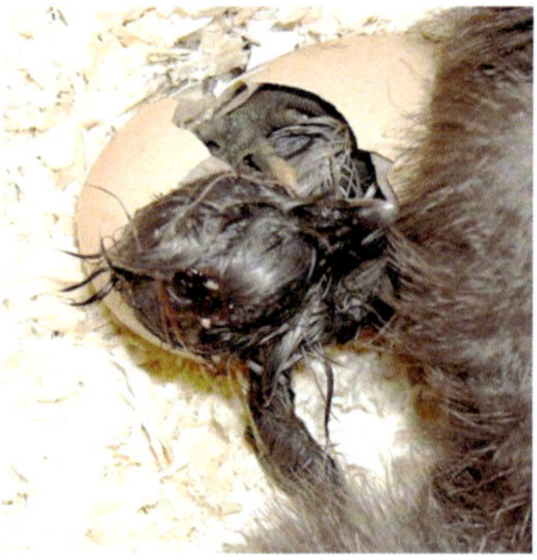

Der Schlupf ist für Küken sehr anstrengend, danach ist absolute Ruhe gefragt um wieder zu Kräften zu kommen. Auch die Glucke sollte in dieser Zeit möglichst nicht gestört werden.

BRUTVERHALTEN UND AUFZUCHT

Küken können grundsätzlich wenige Stunden nach dem Schlupf alleine fressen, manchmal haben sie aber noch genug Energie aus dem Ei und fressen erst nach etwa 24 Stunden.

Wärme ist für Küken in den ersten Tagen das Allerwichtigste.

Henne gelb mit Bart
und etwa 30 Stunden altes Küken

In den ersten Tagen benötigen Küken eine konstante Temperatur von etwa 30 bis 32 Grad Celsius.

Je älter ein Küken wird, umso mehr senkt sich sein Wärmebedürfnis. Etwa ab der 6. Lebenswoche ist eine Temperatur von 18 Grad Celsius ausreichend.

BRUTVERHALTEN UND AUFZUCHT

Seidenhühner haben, wie bereits mehrfach erwähnt, einen sehr ausgeprägten Bruttrieb. Wenn man diesem nicht nachkommen möchte, sollten gewisse Maßnahmen ergriffen werden die man im allgemeinen als Entglucken bezeichnet.

Man könnte natürlich einfach darauf achten, dass der Henne alle Eier weggenommen werden und warten bis sie von alleine keine Lust mehr hat zu brüten. Doch das kann zu schweren gesundheitlichen Problemen führen.

Der starke Brutdrang von Seidenhühnern führt dazu, dass manche Tiere unzählige Wochen im Jahr damit verbringen zu glucken, auch wenn sie gar keine Eier unter sich haben. Die Tiere sitzen einfach im Stall oder sogar in einem Gebüsch. Sobald ein anderes Huhn in der Nähe ein Ei gelegt hat, versuchen die Glucken sich dieses zu holen und es zu bebrüten.

Bei Glucken verlangsamt sich der Stoffwechsel massiv, so dass der Futterbedarf gesenkt wird und auch die Häufigkeit des Kot absetzens auf ein Minimum reduziert wird. Glucken verlieren während einer Brut sehr viel an Eigengewicht. Wird nicht darauf geachtet, dass das Tier sich in dieser Zeit ausreichend bewegt und Futter aufnimmt, kann ein Erschöpfungstod eintreten.

BRUTVERHALTEN UND AUFZUCHT

Deshalb ist es wichtig, die Tiere nicht glucken zu lassen, wenn kein Nachwuchs erwünscht ist. Um dies zu erreichen, gibt es unterschiedliche Möglichkeiten, die je nach Tier unterschiedlichen Erfolg haben.

Eine Möglichkeit ist es den Zugang zum Stall oder den Legeplätzen zu versperren. Ohne einen geeigneten Platz wird die Glucke rasch aufgeben. Diese Variante erweist sich jedoch in vielen Fällen als nicht umsetzbar, da die anderen Tiere den Zugang zum Stall benötigen um beispielsweise ihre Eier zu legen.

Etwa 6 Wochen alte Küken in blau und weiß

Eine weitere Möglichkeit stellt das Separieren der Glucke dar. Hierbei wird die Glucke in einen Käfig oder ein kleines Gehege, inmitten des Auslaufs der anderen, gesetzt. Dieser Platz wird so ungemütlich und kühl wie möglich, also ohne Einstreu oder ähnliches, gestaltet. Selbstverständlich jedoch mit Futter und Wasser. Die Glucke kann so ständig die anderen sehen und wird keine Ruhe finden. Die Nacht verbringt die gluckende Henne natürlich, wie gewohnt, bei den anderen im Stall.

Wenn ein Hahn vorhanden ist, kann man diesen ebenfalls zur Glucke in den Käfig setzen. Durch ihn und seine Versuche sie zu treten wird sie sich ständig gestört fühlen und so das Glucken nach ein paar Tagen aufgeben.

Auch der Versuch die Glucke über mehrere Tage hinweg mehrmals am Tag von ihrem Platz zu vertreiben, kann erfolgreich sein.

Geduld, Hartnäckigkeit und Einsatz des Hühnerhalters sind unbedingt erforderlich um erfolgreich zu sein.

VERANTWORTUNGSVOLLE NACHZUCHT

VERANTWORTUNGSVOLLE NACHZUCHT

Die Entscheidung Nachwuchs zu ziehen, stellt unabhängig davon, ob es sich um eine Natur- oder eine Kunstbrut handelt, eine große Verantwortung dar.

So muss etwa vorab eine artgerechte Unterbringung der gezogenen Tiere gewährleistet sein.

Küken im Alter von 3-4 Wochen

Generell ist das Schlupfverhältnis von Hähnen und Hennen bei Seidenhühnern recht ausgeglichen, doch bei einzelnen Bruten kann es dazu kommen, dass wesentlich mehr Hähne als Hennen gezogen werden oder umgekehrt.

VERANTWORTUNGSVOLLE NACHZUCHT

Bei der Kunstbrut werden die befruchteten Eier in einer Brutmaschine ausgebrütet und die Küken in der Regel nach dem Schlupf unter einer Wärmelampe großgezogen.

Je nachdem, welches Gerät zum Brüten benutz wird, Flächen- oder Motorbrüter, müssen die Eier von Hand abgekühlt oder gedreht werden. Vollautomatische Maschinen erledigen fast alles von selbst.

Die durchschnittliche Bruttemperatur liegt bei 37,8 Grad Celsius und wird in den letzten Tagen vor dem Schlupf geringfügig gesenkt. Die Luftfeuchtigkeit hingegen wird vor dem Schlupf erhöht.

Nach dem Schlupf bleiben die Kleinen noch ein wenig im Brüter um richtig trocken zu werden und ziehen dann in das vorbereitete Kükenheim um. Dort finden die Kleinen Wasser, spezielles Aufzuchtfutter und eine Rotlichtlampe welche die lebenswichtige Wärme für die Küken liefert.

VERANTWORTUNGSVOLLE NACHZUCHT

Auch wenn die Elterntiere augenscheinlich gesund sind, muss das nicht automatisch auf alle Küken zutreffen.

Es kann unter Umständen dazu kommen, dass Küken im Ei absterben oder den Schlupf nicht überleben. Sie können mit so schweren Fehlern geboren werden, dass ein Weiterleben eine Qual darstellen würde und sie deshalb sofort erlöst werden müssen.

Im Bewusstsein all dieser Aspekte und einem verantwortungsvollen Umgang mit den Tieren, kann eine eigene Brut eine sehr schöne und unvergessliche Erfahrung sein.

KRANKHEITEN

KRANKHEITEN

Seidenhühner können, genau wie andere Tiere, einer Vielzahl von Krankheiten anheimfallen. Eine verantwortungsvolle Zucht, sowie optimierte Haltungsbedingungen, vermindern jedoch das Risiko schwerer Erkrankungen.

Die Fußräude oder umgangssprachlich Kalkbeine genannt, ist eine weit verbreitete Krankheit, die relativ häufig auftritt. Sie wird durch Milben verursacht und durch schlechte Haltungsbedingungen begünstigt. Milben verkriechen sich hierbei unter den Hautschuppen an den Beinen des Huhnes. Durch den Kot den die Milben ausscheiden, werden die Beinchen des Huhnes weißlich und sehen aus wie gekalkt, daher auch der Name. Auf den befallenen Beinen bilden sich borkenartige Krusten und unbehandelt kann es zu Infektionen oder sogar zum Absterben und schließlich zum Abfallen von einzelnen Zehen kommen. Bei den ersten Anzeichen, sollten die Beinchen über längere Zeit regelmäßig mit pflanzlichem Öl leicht einmassiert und gegen die Milben vorgegangen werden.

Würmer treten als Luftröhrenwurm, Haarwurm, Spulwurm oder Magenwurm in Erscheinung. Genauso unterschiedlich wie die Wurmarten, sind auch die Krankheitssymptome. Um eine ernste Erkrankung auszuschließen, ist es wichtig die Tiere regelmäßig mit entsprechenden Entwurmungsmitteln zu behandeln und so einem Befall mit Würmern im Vorfeld entgegen zu wirken.

KRANKHEITEN

Marekssche-Hühnerlähmung oder kurz Marek gennant, ist eine Erkrankung mit Herpesviren und hat eine sehr hohe Sterblichkeitsrate. Die Krankheit tritt in verschiedenen Formen auf. Klassisch, tumorös, als Nerven- oder Augenform.

Die Augenform tritt ausschließlich bei adulten Tieren auf und führt immer zur Erblindung. Vom klassischen Verlauf sind meist Jungtiere betroffen. Hier werden die Nerven so geschädigt, dass es zu Lähmungen kommt. Typisch für diese Marek Form ist die Streckung eines Beines nach vorne und eines nach hinten. Bei der Nervenform treten häufig Wischbewegungen mit dem Kopf auf, auch seitliches nach oben drehen des Kopfes wird beobachtet und es kommt zu unkoordiniertem Rückwärtslaufen. Hierbei kann die Verabreichung von Vitamin B die Symptome lindern. Die tumoröse Form befällt die inneren Organe des Tieres und ist nach außen hin kaum ersichtlich. In diesen Fällen tritt nicht selten der Tod durch das Verhungern des Tieres ein.

Es gibt die Möglichkeit 1-3 Tage alte Küken gegen Marek zu impfen. Diese Impfung verhindert jedoch nicht die Erkrankung selbst, sondern nur das Ausbrechen der Symptome. Der Virus kann also trotz Impfung ausgeschieden und übertragen werden.

KRANKHEITEN

Ansteckender Schnupfen wird oftmals unterschätzt. Verursacht durch ein feuchtes Stallklima oder zu hohe Temperaturen im Stall, Zugluft oder auch mangelhafte Ernährung äußert sich diese Krankheit durch vermehrtes Niesen, Röcheln, Schleimbildung im Rachen und Nasenausfluss, bis hin zu Schwellungen im Gesicht. Hier ist in jedem Fall ist eine rasche Separierung und die Gabe von Antibiotika nötig.

Zur Legenot kann es durch vielseitige Ursachen wie etwa Tumoren, Entzündungen des Legedarms oder auch durch zu große Eier kommen. Wird dies nicht rechtzeitig erkannt und richtig behandelt, kann das Tier sterben. Anzeichen hierfür sind Unruhe, hängen lassen der Schwanzfedern in Kombination mit einer zusammengezogenen Körperhaltung und der vergebliche Versuch durch starkes Pressen ein Ei zu legen. Es ist ratsam umgehend einen Tierarzt aufzusuchen, der das Ei fachgerecht entfernen kann.

Die Mauser bezeichnet einen starken Gefiederausfall, der jedoch in der Regel nicht krankhaft ist. Um Platz für neue Federn zu schaffen stoßen die Tiere, über einen Zeitraum von mehreren Tagen oder auch Wochen, Teile ihres Gefieders ab. Häufig tritt die Mauser nach einer Brut ein. Es gibt aber auch die sogennante Schockmauser, bei der das Tier plötzlich einen Großteil seines Gefieders durch eine Stresssituation verliert.

KRANKHEITEN

Federlinge sind 1-1,5mm große längliche, braune Schädlinge, die sich im Gefieder der Hühner aufhalten und sich von Hautschüppchen und den Federn der Tiere ernähren. Die Übertragung erfolgt über Wildvögel und von Tier zu Tier. Betroffene Hühner neigen zu Unruhe und Schlafstörungen. Es treten Hautirritationen auf und es kommt zu Juckreiz. Bei starkem Befall sieht das Gefieder abgefressen und zerfranst aus, manchmal weist es regelrecht Löcher auf. Da Federlinge mit freiem Auge gut sichtbar sind, lässt sich leicht kontrollieren ob ein Befall vorliegt. Dazu wird das Gefieder an verschiedenen Stellen geteilt um bis auf die Haut sehen zu können. Die Nissen der Federlinge finden sich meist im Gefieder unter der Kloake und bilden weiße Verdickungen an den Federkielen. Einem Befall sollte umgehend mit geeigneten Mitteln entgegen gewirkt werden um weitere Verbreitungen zu verhindern.

Kokzidiose oder auch rote Kükenruhr genannt, ist eine parasitäre Art einer Durchfallerkrankung, bei der die Tiere bedingt durch den Flüssigkeitsverlust zu Tode kommen können. Diese Krankheit ist nur für Küken und Jungtiere bedrohlich, adulte Tiere können den Erreger zwar ausscheiden, erkranken selbst jedoch nicht. Eine Genesung ist bei rascher, gezielter Behandlung wahrscheinlich. Eine vorbeugende Medikation über das Trinkwasser oder das Futter ist bei wenigen Tagen alten Küken möglich.

KRANKHEITEN

Bei der roten Vogelmilbe handelt es sich um etwa 1mm große, rundliche blutsaugende Parasiten, die auch auf den Menschen übertragen werden können. Vorwiegend wird die rote Vogelmilbe über Wildvögel in den Bestand eingeschleppt.

Probleme mit Milben treten vorwiegend im Sommer auf, da diese bei Temperaturen unter 10 Grad Celsius nicht aktiv sind. Auf Grund ihrer geringen Größe verstecken sich Milben in den kleinsten Stallritzen. Nachts kommen die roten Vogelmilben aus ihren Verstecken und ernähren sich vom Blut der Hühner, was zu Schwäche und allgemeinen Erschöpfungszuständen bei den Tieren führt. Bei Jungtieren oder extremem Befall kann es sogar zum Tod der Hühner kommen.

Die Bekämpfung ist aufwändig und langwierig, da Milben mehrere Monate ohne Futter auskommen können. Eine Behandlung mit entsprechenden Mitteln ist in jedem Fall bei den ersten Anzeichen eines Befalls erforderlich, da sich die rote Vogelmilbe rasant vermehrt. Durch die Ausbringung von Raubmilben, welche die roten Vogelmilben auffressen, den Hühnern selbst aber keinen Schaden zufügen, ist eine natürliche und biologische Bekämpfung möglich.

NÜTZLICHE TIPPS

NÜTZLICHE TIPPS

etwa 1 Woche altes Küken

Generell sollten kranke oder verletzte Tiere immer rasch von der Gruppe separiert werden. Es besteht die Gefahr der Ansteckung oder einer weiteren Verletzung durch die anderen Tiere.

Die nachfolgenden Tipps gelten in erster Linie vorbeugend und behandlungsbegleitend. Wenn es einem Tier schlecht geht, sollte immer unverzüglich ein fachkundiger Tierarzt konsultiert werden.

NÜTZLICHE TIPPS

Apfel-Essig regt den Stoffwechsel an und wirkt gegen Magen-Darm Erreger und Schnupfen. Er ist reich an Spurenelementen, Kalium, Eisen sowie den Vitaminen B, C und E. Für erwachsene Tiere genügt 1 Esslöffel Apfel-Essig auf 1 Liter Wasser. Jungtiere sollten nur maximal 1 Teelöffel Apfel-Essig auf 1 Liter Wasser bekommen. Des Weiteren ist Apfel-Essig auch sehr gut zur regelmäßigen Desinfektion und Reinigung der Trinkwasser- und Futternäpfe geeignet.

Zwiebel und **Knoblauch** sind gut für das Immunsystem und zeigen Wirkung bei Schnupfen und Erkältungen. Knoblauch wirkt zusätzlich gegen Würmer. Eine halbe bis eine ganze Zwiebel und 3-4 Zehen Knoblauch genügen für 2-3 Liter Wasser. Den Zwiebel grob teilen und den Knoblauch quetschen, das Ganze über Nacht ziehen lassen und morgens den Hühnern zu trinken geben. Als Alternative kann auch Knoblauchpulver ins Futter gemischt werden.

Oregano enthält ein natürliches Antibiotikum und reduziert Kokzidien. Hühner und auch Küken sollten daher regelmäßig Oregano bekommen. Es kann frisch gepflückt, getrocknet oder als Tee verwendet werden.

NÜTZLICHE TIPPS

Tee ist im Allgemeinen oftmals sehr hilfreich für Hühner, etwa bei Atemwegserkrankungen kann z.B. Thymiantee helfen.

Die folgende Mischung hat sich als besonders geeignet erwiesen um Hühner vorbeugend gesund und fit zu halten:

Schwarztee, Brennesseltee, Oregano, Zwiebel und Knoblauch in Wasser aufkochen und für 2-3 Stunden ziehen lassen. Danach ca. im Verhältnis 1:3 mit Wasser verdünnen und abgekühlt für 2-3 Tage zu trinken geben.

Auch Kamille, Chili, Pfefferminz oder Salbei können als Tee verabreicht werden.

Chili kann die Salmonellenbelastung des Tieres reduzieren und sollte nur mit Wasser verdünnt und nicht als Pulver verabreicht werden, da das scharfe Pulver Atemwege und Augen reizt.

STICHWORTVERZEICHNIS

STICHWORTVERZEICHNIS

STICHWORTVERZEICHNIS

STICHWORTVERZEICHNIS